岩合光昭の
日本犬図鑑

文・写真／岩合光昭

文溪堂

日本犬との出会い

日本犬を撮影するきっかけを作ってくれたのは柴犬でした。小淵沢に住んでいたころのことです。田舎道をご主人と散歩するダックスフンドを見ます。愛らしい様子に頬が緩みますが、なぜか違和感を感じます。後日、同じ道を柴犬が歩いていました。周りの景色と調和するその姿は美しく、1枚の絵のようでした。家に帰り、柴犬について調べてみます。昔から本州各地でくらし、中部山岳地帯もふるさとのひとつだったとされていました。なるほど納得します。先ほど感じた、景色との、周囲の山々との見事な調和は、そういうことだったのです。そこでふと、日本の風景にはやはり日本犬が似合うということに、興味が湧きます。日本には北は北海道犬から南は四国犬まで6犬種の日本犬がいます。北海道犬が北の大地でくらしている姿を見てみたい、四国犬が四国の山の中を走りまわる姿を見てみたい、それぞれのふるさとを訪ねてみようと思い立ちました。様々な個性を持つ犬たちでしたが、すべての日本犬に共通していたことがありました。ご主人と一緒の時がいちばん顔が輝き、いきいきと動く。そしてこれは人側のご主人にもいえることでした。人と犬が深く繋がっている。日本犬の飼い主はひとりだけ、といわれることに合点がいきます。最近は海外でも日本犬に出会うことが多くなりました。

先日も香港のカフェでご主人とくつろぐ柴犬を見ました。狩猟、番犬目的ではなく、家族の一員として生きていけるよう皆になついたりと、その生態も変わりつつあるようです。そんな新しい日本犬の有り様も興味深く、楽しみに思っています。

岩合光昭

目次

日本犬との出会い……………………………2
日本犬って、どんな犬？………………………9
日本犬の体の特徴を知ろう！…………………10
日本人と日本犬の歴史…………………………12
古くから人と犬は大事なパートナー…………13

柴犬
【しばいぬ】
🐾 14

北海道犬
【ほっかいどういぬ】
🐾 20

秋田犬
【あきたいぬ】
🐾 24

甲斐犬
【かいけん】
🐾 28

紀州犬
【きしゅうけん】
🐾 32

四国犬
【しこくけん】
🐾 36

日本原産の犬……………………………………40
海外で人気の日本犬……………………………44
ほんとうのハチ公の物語………………………46
日本犬を絶滅から守れ！………………………47

柴犬と、桜と、富士と、合わせて撮れる山梨県・河口湖の湖畔です。父子です。

四国犬が流れを見て飛びこみます。慌ててご主人を見ると、「呼べばくる」とひと言、平然としていました。

稲刈りの後片付けをするご主人を見守るのも役目です。

雪やこんこ、雄物川沿いを走る秋田犬、喜びに満ちています。

日本犬って、どんな犬?

国の天然記念物に指定された
柴犬、北海道犬、秋田犬、甲斐犬、紀州犬、四国犬の
6犬種を日本犬とよんでいます。
日本犬は、古くから日本人とそのくらしに密接に関わってきました。
猟犬や番犬として、飼い犬として、長く日本人に寄りそってくらしてきた
その歴史について紹介します。そして、日本犬ならではの体の特徴について、
それぞれの犬種ごとに、ルーツや性格、特徴なども
くわしく解説します。

日本犬の体の特徴を知ろう！

日本犬は、その形状を保存するため、細かく体格や顔つきが決められています。日本犬の顔、体型、尾、毛の特徴をみていきましょう。

顔

日本犬の顔は、三角形の耳、まっすぐのびた鼻筋、目じりのつりあがった三角形の目が大きな特徴です。やや丸みを帯びた額は広く、耳は直立ではなく、やや前傾した角度で立っています。目の色は濃く、口は一直線に引きしまり、きりっとした鋭い顔つきをしています。

体型

全体的にしなやかで均整がとれた体型をしています。首は太く、胸は深くせり出し、背中は水平で、腰はしっかりしています。前足はまっすぐ、後ろ足の大腿は長く、歩きは軽快です。指は硬く握り、足の肉球も弾力があります。大きさにより、小型、中型、大型の３つに分けられます。

尾

尾は、太く背の上に巻いている「巻き尾」が一般的です。巻き方は、左巻きや右巻きがあります。巻き尾以外には、くるりと巻かずに背中の上に傾いている「差し尾」、刀のように直立している「太刀尾」があり、甲斐犬や紀州犬に比較的多く見られます。

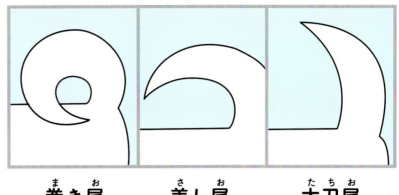

巻き尾　　差し尾　　太刀尾

毛

毛色は、赤、黒、白、胡麻、虎という素朴な風合いの色柄の種類があります。被毛は、二重になっており、下毛はとても緻密でふっくら厚みがあり、上毛は硬く張りがあります。二重の被毛に守られ、雨や寒さにも強いとされています。

赤毛

黒毛

白毛

胡麻毛

虎毛

日本人と日本犬の歴史

日本人の祖先とともにアジア大陸からやってきた日本犬は、その高い狩猟能力で古代の人々を助けてきました。縄文時代の犬は、どんな犬だったのでしょうか。

縄文時代のはじめごろに、南方のアジア大陸から台湾などを経て、人間とともに渡ってきた犬が日本犬の祖先といわれ、日本列島の各地域に住み着いたと考えられています。

古くから、犬は人々と日本各地の山岳地域で、狩猟を行っていました。レーダーのような耳と鼻、高い狩猟能力を持つ犬の手助けによって、縄文時代の人々は、日々の糧を得ていたのです。犬は、人のくらしになくてはならないパートナーでした。

縄文人が愛した犬は、立ち耳・巻き尾の柴犬によく似たタイプだったようです。縄文時代の遺跡から、柴犬に似た犬の骨が丁寧に埋葬されているのが見つかっています。

海外との交易が盛んになると、日本に外国の人々がおとずれるようになり、さまざまな洋犬種が日本にもたらされました。耳が垂れた「渡来犬」に対して、日本に昔から生息する猟犬を「地犬」とよびました。江戸時代は、雑種化した犬を「町犬」、地犬を「狩犬」として区別しました。

明治時代、さらに洋犬種との交雑が進み、日本犬は珍しい存在になっていました。山奥の険しい土地で、イノシシ猟などに用いられていた犬が、わずかに残っている程度となり、貴重な日本犬を保存しようと愛犬家たちが立ち上がりました。

まず、種犬として残しておきたい優秀な日本犬を見つけ、その犬籍簿を作ります（P.47参照）。それをもとに交配・繁殖を行って、日本犬を守っていこうと考えました。そこで、立ち耳・巻き尾のよりよい種犬を探し出すため、各地の山間部を歩き回りました。そして、1928（昭和3）年に、日本犬保存会が創立されました。

しかし、日本犬の受難は、第二次世界大戦の突入により深刻化します。軍で使うため、犬の毛皮の供出が国から働きかけられ、食料難のため犬に食料を与えて飼うことは非国民扱いされました。日本犬は、いよいよ絶滅寸前になってしまいます。

現在、わたしたちの身近には、たくさんの日本犬がいます。それは戦後、犬を愛する人たちの地道な努力によって、数少ない日本犬から交配を重ねて復興したものなのです。

日本犬の長い歴史の中では、「越の犬」のように、天然記念物に指定されていながら、途中で絶滅してしまった日本犬もいます（P.47参照）。

東京・上野公園にある西郷隆盛像の西郷さんが連れている犬は、故郷・薩摩の猟犬「薩摩犬」といわれていますが、今では、希少な犬となっています。

ある意味で、日本犬は、平和な日本を象徴する存在と言えるかもしれません。

縄文人とくらす縄文犬。猟犬として、あるいは番犬として、犬は縄文人にとって大切なくらしのパートナーでした。

（写真提供／国立科学博物館）

千葉県船橋市の藤原観音堂貝塚で発見された、縄文時代後期の犬の骨。人間と同じように墓穴を掘って埋葬されていました。

（写真提供／船橋市飛ノ台史跡公園博物館）

古くから人と犬は大事なパートナー

日本犬は人々のくらしに根づき、なくてはならない存在となっていきました。
わたしたちの身近な生活や、伝説・信仰の中にも日本犬がいます。

秋田犬をモデルにした2円切手

2円切手の図柄に秋田犬が使われていたことは、意外と知られていません。1953(昭和28)年8月25日発行の2円切手です。2円切手のモデルとなった秋田犬は、橘号といいます。生没年はさだかではありませんが、1943年前後に生まれ、1955年くらいまで生存していたのではないでしょうか。生後まもなく秋田から東京へもらわれていき、世田谷区にある犬舎で飼育されました。第二次世界大戦中は多くの犬が軍用の毛皮とするために殺されたため、終戦後、秋田犬は十数頭しか生き残っていませんでした。その中の貴重な1頭が橘号だったのです。残された秋田犬の中でも特に良い資質を持っていた橘号は、たくさんの優れた子犬を残しました。2円切手の秋田犬は、秋田犬の血統に貴重な役割を果たした犬だったのです。

秋田犬の故郷、秋田県大館市。葛原地区にある老犬神社には、秋田犬・シロの次のような言い伝えがあります。その昔、シロの主人であった定六という猟師が、他の領内で鉄砲を撃った罪で投獄されました。定六は運悪く、他の領内での狩猟を許可する狩猟免状を家に忘れてきたため、身の潔白を証明できません。定六はシロに免状を取ってくるよう語りかけました。シロは雪山を越えて家へと駆け戻り、免状の置かれた仏壇に向かって激しく吠えました。事情を察した妻は、免状をシロの首に結び付けて帰しましたが、シロが定六の元へ戻った時には、すでに定六は処刑されていました。その後、天変地異がおこり、処刑に関連した人々は死んでしまいました。また、シロの死後、シロの骨が見つかった丘を武士が馬で通りかかると馬があばれ、落馬して大けがをする、ということが繰り返されました。そんなシロの怨念をしずめるために作られたのが、老犬神社の起源ということです。

悲しい言い伝えの主人公、秋田犬・シロを供養するために作られたという老犬神社は、いまも人々の信仰を集めています。　（写真提供／大館市）

水天宮の子宝いぬ　（写真提供／水天宮）

東京都中央区の水天宮の境内には、親子の日本犬の銅像があります。犬はお産が軽く多産であることから、安産の象徴とされています。その犬にあやかって作られたのが「子宝いぬ」と名づけられた母犬と子犬の像です。かたわらで無邪気に遊ぶ子犬を慈愛あふれる表情で見守る母犬。母と子のきずなと愛情が感じられます。親子の犬の像のまわりには、十二支の文字を刻んだ石がはめこまれ、自分の干支をなでながら祈願すると、子宝・安産・子どもの無事の成長がかなうといいます。犬の頭は、子宝・安産のご利益をさずかろうと、多くの参拝者になでられて、金色に光っています。

柴犬
しばいぬ

日本犬の中でもいちばんポピュラーな犬。きりりと引きしまった表情、ピンと立った耳、勇敢で飼い主に忠実な性格など、小柄な体に日本犬の魅力がぎっしり詰まっています。

柴犬

桃の花が満開です。柴犬の子犬たちは桃の木に寄りそうことで安心しているようです。

雪が積もる畑で遊ぶ柴犬の子犬たち。動くことで体を温めているようです。

　日本の風土に最も適しているのが柴犬ではないでしょうか。日本犬6犬種のうち80%が柴犬といわれています。もともとは山で猟師とともに獲物を追う小型の犬を「柴」とよんでいました。名の由来は、小さいものを表す古語である「柴」、柴藪を巧みにくぐりぬけて獲物を追うことから「柴」、といくつかあるようです。

　ある時、おじいさんとくらす柴犬の親子と山へ行きました。ちょっと目を離した隙に子犬が冒険探検を始めてしまい、見つけた時は足はもちろん、鼻や顔も泥だらけ。斜面に穴でも見つけたのでしょう、小さくても狩猟本能は目覚めているのだと教えられます。犬を追うおじいさんが山の斜面を転ばないか、ハラハラしました。

　夏の暑さにも負けず、冬の寒さにも強い柴犬は飼いやすい上、ご主人が呼べば飛んできて目をキラキラと輝かせる。変わることのない忠実さで寄りそい生きていきます。

　海外でも柴犬に出会うことはめずらしくなくなりました。フランスのパリで柴犬を連れている人に尋ねます。「お名前は？　何と呼んでいますか？」答えは「Shiba」。なるほど、一番シンプルでわかりやすい名前です。日本犬の良さを世界に伝えてくれている、柴犬です。

15

柴犬ってどんな犬?

柴犬は、日本犬6犬種の中では唯一の小型犬で飼いやすいこともあり、日本犬の中では最も多く飼われている犬種です。近年は海外でも柴犬の人気が高まっています。

日本人にいちばん愛されている柴犬の魅力とは?

日本犬といえば柴犬、というふうに思う人も多いでしょう。柴犬は最もなじみのある日本犬として、その姿は日本の原風景といってもいいかもしれません。小柄なので飼いやすいということも人気の大きな理由です。そのため、町で見かけることも多い犬です。毛色が多様で、個性があることも魅力です。毛色は赤毛が多いですが、胡麻、黒、白など多様な毛色があります。黒毛の柴には目の上部に白っぽい四つ目もしくは麻呂眉といわれる斑点があります。胸もとや腹、足の裏側部分と足先、尾の裏側などは白毛になっています。これを裏白といい、赤や黒の毛色とのコントラストが美しいのも特徴です。
また、性格は日本犬らしく、辛抱強く主人に忠実です。だれにでもなつくというものではありませんが、一度信頼した人は生涯慕い続けるという面を持っています。そういう一途なところも、柴犬の人気の理由といえるでしょう。
最近は、海外でも人気が出て、「Shiba Inu」といえば通じるほどです。

柴犬のルーツ

縄文時代の遺跡から人骨とともに柴犬くらいの大きさの犬の骨が発見されています。柴犬という名前の由来は、古語の小さいという意味、毛色が柴色であることからといった説があります。江戸時代には、芝生の生い茂る野原を駆け回る在来の犬を「芝犬」とよんでいたようです。1936（昭和11）年、国の天然記念物に指定されました。第二次世界大戦前は、出身の地域ごとに、信州柴、山陰柴、十石柴、美濃柴などとよばれて区別されていました。しかし、戦後、地域ごとの個体差がなくなって統一され、最もポピュラーな小型犬となりました。

柴犬

理想は古代の縄文犬？

理想とする柴犬の姿を、縄文時代の犬に見る人たちもいます。天然記念物柴犬保存会を創設した中城龍雄さんによれば、柴犬の特徴は「原始性・原種性・野性」にあるといいます。原始性とは、形にも性格にも見られる単純、素朴、明確さ。原種性とは人間が手を加えていろいろなタイプの犬を作る前の元の形質。野性とは自然の中で独立して生きていける特性だというのです。柴犬は、犬の原型に近いものをとどめているからこそ、貴重な存在なのではないでしょうか。

柴犬（しばいぬ）

小型犬ですが、野性的で、鋭い感性をそなえていて、理由なく人に依存しません。けれども、飼い主には無条件の信頼を寄せます。むだ吠えがなく、清潔を好みます。
凛々しい顔つきと、昔から日本各地に人々とともにくらしていたというルーツから、日本人にはなじみがあり、日本犬の中でも特に人気があります。1993（平成5）年にはアメリカンケネルクラブにも公認され、欧米を中心に海外でも人気です。アメリカにも熱心な柴犬ファンが多く、柴犬愛好会もあります。

体高	オス38〜41cm　メス35〜38cm
体重	オス9〜11kg　メス7〜9kg
毛色	赤、胡麻、黒、虎、白など
原産地	中部地方から中国地方にかけての広い地域
天然記念物指定年	1936（昭和11）年

小型犬　中型犬　大型犬

こんな柴犬もいるよ

柴犬は、日本固有の犬として、もともと全国各地に分布して、その地域ごとにそれぞれタイプの異なる犬種がいました。こうした地域ごとの特色ある犬を保存しようとする試みが、各地で続いています。

美濃柴犬 （みのしばいぬ）

ルーツ・性格について

一般社団法人美濃柴犬保存会の「主旨」には、「古来より岐阜県の郡上郡、山県郡、武儀郡、稲葉郡、飛騨郡等の土地の『地犬』で立ち耳、緋赤の短毛、色素の良い目、野性味と風格のある体躯を兼ね揃えた犬を総称して美濃柴犬と呼び…」とあります。美濃柴犬のいちばんの特徴は毛色が赤一枚、すなわち全身が足先まで赤一色であることです。この特徴ある美しい赤い毛色を緋赤とよんで、地域の愛犬家は大切にしているのです。

山陰柴犬 （さんいんしばいぬ）

ルーツ・性格について

山陰柴犬はアナグマ猟に使われていた山陰地方の犬・因幡犬が元になっているといわれています。

小さめの頭、細身の体つきなど、アナグマ猟犬としての体型と気質を受け継いでいくことに留意して保存されてきました。他の柴犬とは異なり、山陰柴犬は韓国の珍島（チェジュド）や済州島の犬と近い関係にあるといわれています。毛色は赤のみで、それもやや薄い色が多いのが特徴です。一時は絶滅も心配されたほど数を減らしていましたが、近年は数を増やしてきています。

川上犬（かわかみけん）

ルーツ・性格について

長野県南佐久郡川上村を原産とする犬で、運動能力が高く野性味が強く、猟師がニホンオオカミを飼い慣らしたものの子孫だという言い伝えがあります。

長野県の天然記念物に指定されています。普通の柴犬よりひと回り体が大きく、また寒さの厳しい地域の犬であることから、毛も長めで下毛が豊かな、見るからに寒さに強そうな体毛を持っています。そのため、高温多湿な気候の土地での飼育には向かないとされています。写真は川上村の小学生が世話をしている川上犬です。地域の人たちに大切に守られている犬種です。

柴犬

コラム　みんなに愛される柴犬

素朴な愛らしさと、飼い主を思う一途な心を持つ柴犬は、多くの人々に愛されています。

イチロー選手の「一弓」と「宗朗」の柴犬親子、本田圭佑選手の「てつ」、それにレディー・ガガさんの黒柴「ヨーコ」などは有名です。その他にも志村けんさんや女優の杏さんなど、柴犬を飼っている、もしくはかつて飼っていた著名人は数えきれません。

文学の世界では、作家の中野孝次さんが、柴犬の「ハラス」と過ごした13年間をつづった『ハラスのいた日々』は、中野さんと強い心のきずなで結ばれたハラスの生涯が多くの人々の心を打ち、ベストセラーとなりました。

また、和に関するさまざまな物事を取り上げ、日本の良さを伝えるテレビ番組「和風総本家」（テレビ大阪発 テレビ東京系全国ネット）に登場する「豆助」は、風呂敷を首に巻いて歩く姿がかわいらしい柴犬の子どもです。2008（平成20）年の番組開始後まもなく登場して以来、今も多くのファンに愛されています。日本の風土に育ち、長年にわたって日本人に愛された柴犬だからこそ、「日本の良さ」を伝える番組を視聴する人々にも愛されているのではないでしょうか。

二十代目豆助 ©TVO

「和風総本家」のマスコット犬・豆助（写真は二十代目）。半年ごとに代替わりする豆助は2018年4月で二十一代目になりますが、首に巻いたトレードマークの風呂敷包みは変わりません。

（写真提供／テレビ大阪）

北海道犬
ほっかいどういぬ

北の大地に育ち、猟犬としてヒグマも恐れない勇敢さを持つ北海道犬。厳しい寒さに耐えるがっしりした体には、素朴で我慢強く、飼い主に忠実な心が宿っています。

北海道犬

小樽の海が凍っています。寒いほど元気な北海道犬の子犬たちです。

タンポポの草原で、生まれて2週間の子犬がひなたぼっこです。

ア イヌ犬ともよばれます。降雪のなか撮影のため、ご主人が犬を家の裏へと導きます。小屋から引き綱に引かれ登場した犬は、精悍でがっちりとしていて鍛えられたローマ人のようでした。

こちらの体の脇をすり抜けようとした、その時です。「パクッ」と、袖を噛まれます。幸い厚着をしていたので無傷ですが、その素早さに驚きます。ほぼ同時にご主人が引き綱を引きました。瞬時の力強い動きが犬と酷似していて、噛まれたことよりそちらに心が奪われます。たくましい犬とくらす人もまた、たくましいのです。

ふと、幼いころに近所の犬に腕を噛まれたことを思い出します。大工の家の犬で立派な犬小屋を持っていました。その小屋が羨ましくて、餌で犬をおびき出しその隙に小屋の中へと入りました。喜んだのもつかの間、うなり声と怒り狂った顔が迫ってきて、あわてて出ようとしたその時、噛まれました。犬の気持ちを忘れていました。子どもながらに反省したことを思い出します。

北海道犬が数頭、雪の中でたわむれています。と、1頭が遠くをながめます。人の目には真っ白にしか見えない世界で、その目は動くものをとらえたようです。その瞬間、遊んでいた犬たちが精悍な猟犬に変わります。

北海道犬ってどんな犬?

古くから猟犬としてヒグマやエゾシカなどの大型獣に立ち向かってきた北海道犬は、たくましい体つきと、厳しい環境に耐える我慢強さを持っています。

北の大地のたくましいハンター

寒さの厳しい地域に育った北海道犬は、寒冷地に適応した厚い被毛を持ちます。上毛はかたくてまっすぐ、やや角度をもって立っており、下毛は綿毛で柔らかくて密生していますので、雪の中でも生活ができます。

目はやや三角形で目じりが上がっており、黒みを帯びた茶色です。表情ははつらつとしていながら注意深く、大胆な性格をあらわしています。他の中型の日本犬にくらべて、体つきが「太い」といわれるのは、胸部がたくましく発達しているためでしょう。北海道犬の特徴のひとつである、「前がち」の姿とは、がっちりとした頭部と、力強い首および大きな胸を持つ前半身の様子をあらわすもので、やや正方形に見える感じの姿です。後ろ半身は野山をかけめぐる猟犬として活躍するために、しなやかな体つきとなっています。

北海道犬のルーツ

北海道犬は、先住民族のアイヌの人々が狩猟生活を営む上で、ヒグマやエゾシカなどの大型獣の猟犬として、そしてオオカミなどから家族を守る番犬として、なくてはならない犬でした。大型獣にも負けない、強く優れた能力を持つ犬を残すことは、厳しい自然環境の中でくらすアイヌの人々にとって大切なことでした。優秀な犬が地域の集落に伝えられ、血統として長い年月の中で固定されていきました。猟犬としてあるべき姿を保存するため、1937 (昭和12) 年、国の天然記念物に指定されました。1951年には天然記念物北海道犬保存会が創立されました。

北海道犬

家庭犬にもなれる「甘えんぼう」

気性が荒い、勇猛果敢というイメージがある北海道犬は、確かに見知らぬ人にはむやみに気を許さないタイプが多いのですが、飼い主を慕う気持ちが強く、そばによるとしきりに甘えてくるような人なつこいタイプが意外に多いといわれます。飼い主に従順で辛抱強く、小さな子どもの遊び相手もできるなど、家庭犬として優れた資質を持った犬も少なくありません。

北海道犬（ほっかいどういぬ）

ふだんは穏やかですが、注意深く、猟の時やいざという時は大胆で、闘争心旺盛です。自分より強い犬などに立ち向かおうとするような気性の激しさもあります。猟の能力は先天的なもので、生後2か月ほどの子犬でも、大きな獲物に対して背中の毛を逆立てて敵意をむき出しにします。長い間、狩猟をしてきた北海道犬の目は鋭く、猛々しさの中に冷静沈着な精神を現すような、威厳のある顔立ちをしています。

体高	オス48.5㎝　メス45.5㎝　＊上下各3cmをふくむ。 ＊体長と体高の比は10:11で、メスの体長はやや長い
体重	特に基準はない
毛色	赤、白、黒褐、虎、灰、胡麻、その他の変化色など
原産地	おもに北海道
天然記念物指定年	1937（昭和12）年

 小型犬　 中型犬　 大型犬

秋田犬
あきたいぬ

忠犬ハチ公の物語で日本人に親しまれてきた秋田犬は、日本犬6犬種の中で、唯一の大型犬です。その素朴な姿が愛され、今では海外でも人気の高い犬種です。

秋田犬

山の尾根まで、秋田犬と一緒に上がります。
力強い足運びで一気に登ります。

お互いのにおいで、相手が何を考えているのかまで、わかってしまうようです。

秋田犬に会うため湯沢と大館を訪ねます。湯沢での最初の出会いは田舎家の土間で、その大きな姿で犬ご飯（魚と味噌汁をご飯にかけたもの）をワッシワッシと勢いよく食べていました。ご飯からも犬の体からも湯気が立ち上っています。もちろん、人の食事は塩分が強いため、現在ではそういう餌は与えていません。ですがその時、その姿に人と共に生きてきた秋田犬の長い歴史を感じたのです。

秋田犬は日本犬6犬種の中で唯一の大型犬です。ご主人に対してはおっとりとして従順ですが、他人に対しては攻撃性が強く、怪しい相手かどうか判断すると、声を変えてご主人に伝えることができるといわれるほどの優秀な番犬です。その一方、子犬のころの可愛さはたまりません。大館の秋田犬親子のもとにお邪魔した時、コロコロとした子犬たちは、ちょこまかと落ち着きなく動き続けるので、撮影は大変でしたが頬はゆるみっぱなしでした。

秋田の風景、秋田のくらしには秋田犬がよく似合います。環境が人を育てるように、犬も風土が育てるということを体現してくれています。

秋田犬ってどんな犬?

素朴で愛らしい姿とやさしく穏やかな心が、ハリウッド映画で話題をよび、今や海外でも「アキタドッグ」とよばれて人気です。

気はやさしくて力持ち

江戸時代には闘犬用の犬として使われた歴史から、大柄ですが均整の取れたたくましい体を持ち、ピンと立った耳、力強く持ち上げた尾、堂々と風格のある顔つき、そして温和で従順な気質を持っています。

有名な「忠犬ハチ公」の物語の主人公は秋田犬でした(P.46参照)。1930年代初め、亡くなったご主人を駅で待ち続けるハチ公が新聞で大きく取り上げられ、話題となったことから、秋田犬の名前も広く知られるようになりました。それまで、渋谷駅にいる大きな犬が「秋田犬」という貴重な日本犬であることを知っている人は少なかったのです。

このことが、人々が日本犬の良さに改めて気づき、それを保護していくことの大切さに気づく大きなきっかけとなったのです。

秋田犬のルーツ

先祖は、秋田で「阿仁マタギ」の狩猟犬として用いられていた中型犬といわれています。江戸時代、佐竹藩主によって闘犬が奨励され、武士や豪農などが、より大きく、より強い犬同士を戦わせ、競いあわせました。明治時代になると、大型化するため洋犬種との交雑が進みました。日本犬としての純粋さを守り、本来の体型を保存しようと1927(昭和2)年、秋田県大館市に秋田犬保存会が創立、1931年には日本犬として初めて国の天然記念物に指定されました。

秋田犬

「アメリカン・アキタ」とは?

貴重な日本犬として、比較的早くから保護が進められた秋田犬ですが、食糧や物資が不足した第二次世界大戦中には、毛皮用などのために多くが殺されてしまいました。

戦後は再び人気が出ましたが、シェパードなどと交配した犬が増え、それを当時日本に来ていたアメリカ兵が母国へ連れて帰ったことから、シェパードの血の濃い秋田犬が欧米で広まっていきました。現在はこうした犬を「アメリカン・アキタ」とよんでいます。

左の写真の犬は、こうした「アメリカン・アキタ」といわれるものです。

上の写真の日本の秋田犬とは、かなり異なった犬であることがわかります。

欧米では人気のある犬種ですが、日本の秋田犬とは違う別の犬種となっており、本来の秋田犬との区別を明確にする必要があります。

アメリカン・アキタ
写真提供／f8grapher©123RF.com

秋田犬（あきたいぬ）

立ち耳と巻き尾の素朴な大型犬です。

最も有名な秋田犬「忠犬ハチ公」は、自分をかわいがってくれた飼い主をひたすら信じて待ち続ける、という姿が日本人の心をとらえ、語り継がれています。飼い主の役に立ちたいという性質は、日本犬本来の性質といえます。素朴で愛らしい姿とやさしく穏やかな心が、ハリウッド映画「HACHI　約束の犬」で話題をよび、今や海外でも大人気となりました。

体高	オス66.7cm　メス60.6cm
体重	オス40kg前後　メス30kg前後
毛色	赤、白、虎、胡麻
原産地	秋田県大館、鹿角地方
天然記念物指定年	1931（昭和6）年

甲斐犬
かいけん

南アルプスの山奥で大型獣の狩猟に活躍した甲斐犬は、日本犬6犬種の中でも最も野性的な犬種といわれます。賢く運動能力の高い生まれついての猟犬ですが、独特のつぶらな瞳も魅力です。

甲斐犬

寺の山門に出てきた甲斐犬の子犬。頭をもたげあたりの様子をうかがう姿に、頼もしさを感じます。

甲斐犬のオスの迫力に圧倒されることがあります。

日本犬のうち柴犬、北海道犬、秋田犬などは「しばいぬ」「ほっかいどういぬ」「あきたいぬ」とよび、紀州犬、四国犬についても「きしゅういぬ」「しこくいぬ」とよぶ場合がありますが、甲斐犬だけは音読みの"けん"「かいけん」とよびます。「飼い犬」との混同を避けるためだと聞いたこともありますが、定かではありません。甲斐の国、今の山梨県です。武田家ゆかりの新府城の城跡で甲斐犬の走りを見ます。目にも留まらぬ動きは躍動感にあふれ、無駄のない機能美を発揮します。何者にも侵されないといわんばかりに走り回りますが、ご主人が呼ぶと瞬時に戻ります。

笛吹川でも甲斐犬に会いますが、川辺でもその姿は存在感を見せつけました。水を恐れるどころかご主人をぐいぐい引っ張り、本流へと入っていきます。獲物がどんなところにいっても、追い続ける狩猟本能をその血は受け継いでいます。そしていかなる時もご主人の命令は絶対です。屋根の補修をしているご主人がひと声かけると、ためらいもなくはしごを駆け上り、降りる時も顔色ひとつ変えず着地点を見定め、確実に足を運びます。

紅葉の中に佇んだ虎毛のその姿はとても凛々しく、ここに日本の美があると心酔するばかりでした。

甲斐犬ってどんな犬？

甲斐犬は、「一代一主」、つまり一生をひとりの主人に尽くすといわれるほど飼い主に対する忠誠心が強く、イノシシやカモシカ、クマなどを相手に、猟犬として活躍してきました。また、非常にかしこいことでも知られています。

甲斐犬といえば「虎毛」

甲斐犬は立ち耳で、大きくて長い三角の形をしています。また、口吻（口と鼻面の部分、マズルともいう）が太く、額が少し丸みを帯びており、他の日本犬の目尻が切れ長なのに対し、少し丸みをおびたつぶらな瞳をしているところから、正面から見るとまるで人間のような顔立ちに見えることもあります。動作が敏捷で、急斜面や岩場を上り下りする運動能力に優れており、後足の飛節（足の上にある関節、人間でいう踵に当たる部分）が特に発達しています。
甲斐犬の毛色は虎毛のみです。甲斐犬の虎毛は、黒色の毛と茶褐色の毛の混じり合った虎斑で、黒地に茶褐色の虎斑がある「黒虎毛」、薄い黒と茶褐色が虎斑になる「中虎毛」、茶褐色もしくは薄茶色の地色に黒褐色の虎斑のある「赤虎毛」があります。
左の写真は、赤虎毛、右ページの写真は黒虎毛の甲斐犬です。

甲斐犬のルーツ

もともと南アルプスの山奥で、猟犬として活躍した虎毛の中型犬です。古来、村人とともに村に住みついて、一応飼い主らしき家はあって餌を与えられていましたが、放し飼いにされていました。厳しい自然環境の中、人間とつかず離れず、群れを作って自由にくらしていました。1931（昭和6）年、甲斐犬愛護会が創立。1934年、国の天然記念物に指定されました。東京・銀座で日本犬保存会の第1回展が開催された時、山梨の山中から虎毛の甲斐犬が17頭も集まりました。

甲斐犬

軍用犬として訓練された甲斐犬

非常にかしこい犬なので、戦時中は軍用犬として訓練されたこともありました。陸軍が軍用犬訓練所に数頭の甲斐犬を送りこんだところ、むずかしい訓練もシェパードの半分の時間でマスターしてしまったため、こんな優秀な犬が日本にいるならわざわざドイツからシェパードを輸入する必要はないと喜び、甲斐犬を訓練士から引き離して中国東北部・満州に送りました。ところが、一夜のうちにすべての甲斐犬が柵を破って逃げてしまったのです。甲斐犬は主人である訓練士の命令しかきかないことを、軍は理解していなかったのです。

甲斐犬（かいけん）

鋭敏な神経、すばやい身のこなし。虎毛は、猟場では保護色となり、待ち伏せや忍び寄るのに適しています。バネの効いた体は急な岩場も軽々と走り抜けることができます。飼い主に忠実ですが、愛嬌には乏しいともいわれ、気性が鋭く勇敢な、質実剛健タイプ。いつのまにか一緒にくらす家族の心を理解して、その家の雰囲気になじんでしまいます。その性質は、心のきずなで結ばれた飼い主のもとでこそ、最も発揮されます。火事を知らせた、泥棒を捕まえたなど、家庭犬としても優秀であることを物語る話も多い、知る人ぞ知る犬です。

体高	オス、メスとも40～50cm
体重	オス、メスとも10～16kgくらい
毛色	黒虎毛、中虎毛、赤虎毛
原産地	山梨県・長野県の山間部
天然記念物指定年	1934（昭和9）年

 小型犬  中型犬   大型犬

紀州犬
きしゅうけん

イノシシ猟犬として紀伊半島の山々で活躍してきた紀州犬は、純白で素朴な姿が魅力的な中型犬です。気性が激しい犬といわれますが、近年は家庭犬として人なつこいタイプも増えています。

紀州犬

紀州犬の子犬たちにとって、砂浜が柔らかい南紀白浜は、ちょうど良いキックができる最高の遊び場です。

兄弟はいつも一緒にいます。

　和歌山県は紀州犬のふるさとです。弘法大師が高野山に向かう途中、山で猟をしている紀州犬に出会ったといわれています。ピンと立つ三角耳とまっすぐな差し尾が、凛とした姿をさらに美しく見せています。

　南紀白浜の白砂に子犬たちが集まります。海風に動じる子もいれば、まったく気にしないマイペースな子もいます。最初に動き出したのは、やはり体がいちばん大きな子です。その子の動きに他の子も従うように歩き出し、走り出します。蹴り上げた砂粒を陽光が輝かせます。遊びはだんだん大胆になっていきます。追いかけっこに力強いジャンプ。足が太くたくましい子犬たちは人でいうところの好奇心にあふれています。くるくると走りまわる遊びが突然止まり、今度はおしくらまんじゅうのように押し合いへし合いをするのですが、疲れたのでしょう、しばらくすると皆でその場にかたまって寝てしまいました。動く時、休む時、どちらも見事なまでに自然体です。

　複数の子犬から体質や気質を見定めて、成犬となったときの将来の資質をうかがいます。紀州犬らしさを考える時、猟犬としての血を伝えることが大切な要素となります。

紀州犬ってどんな犬？

イノシシ猟犬として今も狩猟のパートナーとして活躍している紀州犬は、オオカミの子孫であるという言い伝えや、弘法大師を案内した犬だったという伝説など、古い歴史のある犬です。その一方で、その忠実さは家庭犬としての大きな魅力となっています。

飼い主との強いきずなが紀州犬の魅力

紀州犬は、耳は小さく前傾して立ち、尾は巻き尾または差し尾。頭部は大きく、頬がよく張っています。
長年、イノシシ猟犬として、大きなイノシシを相手にしてきた紀州犬は、素晴らしい運動能力とスピード感あふれる身のこなし、強い精神力を身に付けています。イノシシと戦うといっても、真正面から向かっていくのではなく、イノシシの攻撃を巧みにかわしながら、吠えかかってイノシシを追い詰め、チャンスを見てイノシシの急所である耳にかみつきます。イノシシの動きを止めて、猟師が銃で仕留めるのを待つのです。飼い主である猟師との信頼関係がなければ、イノシシ猟はできません。飼い主を信頼するその性質が、紀州犬がすぐれた家庭犬として愛される理由でもあります。

紀州犬のルーツ

白く素朴な姿の中型犬です。もとは、紀伊半島一帯の山奥でイノシシ猟に活躍しました。唐から戻った空海（弘法大師）を高野山の霊場に導いた白い犬が紀州犬だといわれています。1934（昭和9）年に国の天然記念物に指定される際、太地犬あるいは熊野犬にするかと議論をよびましたが、結局地域全体の名をとって紀州犬とされました。

紀州犬

伝説の紀州犬

昔、紀の国（今の和歌山県）の猟師・弥九郎が、骨がのどに刺さって苦しんでいるオオカミを救い、お礼にそのオオカミの子どもをもらいました。弥九郎はオオカミの子どもを「マン」と名付けて猟犬として育てました。立派な猟犬となったマンが、狩猟の際に殿様を手負いのイノシシから救う手柄を立てたため、弥九郎はたくさんほうびをもらったといいます。このマンが紀州犬の祖先と伝えられています。

紀州犬（きしゅうけん）

一見おっとりした感じですが、イノシシに立ち向かってきた紀州犬は、たくましく、外見もオスらしさ、メスらしさがはっきりしています。オスは体格がよく、瞬発力があり、メスは小柄な分すばしっこいのが特徴です。メスは、力はオスにはかないませんが、粘り強く獲物を追いかけるので、猟犬としては有能だといいます。気が強い紀州犬が、心を許した飼い主だけに見せる素朴さ、甘える表情がたまらない、という人が多いようです。

体高	オス49〜55cm　メス46〜52cm
体重	オス17〜23kg　メス15〜18kg
毛色	白、虎、胡麻、赤
原産地	和歌山県、三重県、奈良県の山岳部
天然記念物指定年	1934（昭和9）年

小型犬　 中型犬　 大型犬

四国犬
しこくけん

鋭く切れ上がった目が、オオカミのような野性味を感じさせる犬。

石鎚山地を望む尾根、草深いところへと分け入っていく四国犬のたくましさに魅せられます。

会うたび、四国犬の精悍さと忠実さに目を見張ります。

　四国には東から西へ、安芸山地、剣山地、四万十山地、石鎚山地、と山並みが続きます。山が四国を北と南に分けているといっても過言ではないでしょう。その山々で狩猟犬として活躍していたのが四国犬です。古来より土佐犬とよばれていましたが、土佐闘犬との混同を避けるため、現代では四国犬とよばれています。

高知から本川村（現在の吾川郡いの町）まで車を走らせ、仁淀川沿いに山を登ります。ここは吉野川の源流でもあります。四国犬は水をこわがりません。猟犬としての血が騒いだのか、いきなり川に飛びこみ堂々と泳ぎます。車に犬を乗せ山の稜線へと向かいました。停車してドアを開けると同時に犬が飛び出します。何かの気配を感じたのか、クマザサの中へまっしぐらに進んで、あっという間に見えなくなりました。これには驚いて、大丈夫ですか？とご主人に聞きます。するとご主人が藪に向かって大きくひと声「こーい！」。先を見ていると、犬はすでにご主人の足元へと戻ってきていました。四国犬を猟犬として本川村に里帰りさせようという動きがあるそうです。野性の輝きを持つ眼差しで、山中を駆けまわってほしいものです。

四国犬ってどんな犬?

四国山地の猟犬で、土佐闘犬のもととなった四国犬。筋肉質の体つきと気性の激しさから、オオカミを思わせる野性的な日本犬です。

気性は激しいが飼い主には忠実な「オオカミ犬」

四国犬の毛色は黒胡麻、赤胡麻、胡麻がほとんどを占め、筋肉がよく発達した引きしまった体をしています。動きは身軽で、山地での狩りにも耐えられる持久力を持っています。耳は三角の立ち耳、尾はしっかりと巻き上がっていて、目尻の上がった吊り目が特徴です。その野性的な外見から、オオカミと間違えられることもしばしばありました。昔から土佐犬とよばれ、国の天然記念物に指定された時も「土佐犬」として登録されています。しかし、土佐闘犬との混同を避けるために、現在では四国犬とよばれるようになっています。土佐闘犬のもととなった犬であり、気性の激しい犬として知られていますが、飼い主には強い忠誠心を見せる犬種です。

四国犬のルーツ

もともと高知県の山間部で、猟犬として活躍していた中型犬。鋭く切れ上がった目と口の裂け具合が、オオカミのような野性味を感じさせます。地味な中に独特の渋み、品位が感じられます。以前、九州の山奥で撮られたニホンオオカミそっくりな写真が公開されましたが、イノシシ猟で放されたまま、飢えをしのいでいた四国犬ではないかといわれています。1937 (昭和12) 年、国の天然記念物に指定されました。

四国犬

オオカミにそっくりの横顔

額と鼻のつなぎ目の部分のくぼみのことを「ストップ」(額段)といいます。オオカミはこのストップが浅いのが特徴ですが、四国犬もストップが浅く、そのため横顔はオオカミにとてもよく似ています。

左の写真はシンリンオオカミ、上の写真は四国犬です。
横から撮影すると、オオカミと見間違えるくらい似ています。四国犬が野性味があるといわれるのは、こんな顔立ちのせいなのでしょう。

これほど似ていれば、四国犬を見て、「オオカミを見た」とさわぎになるのも、仕方ないことかもしれません。

四国犬(しこくけん)

四国犬は、飼い主以外の他人は寄せつけない、良い意味での猛々しさ、気性の激しさがあります。性質は素直・忠実・従順で、気品と風格を持ち合わせています。近年では、気性の激しい犬は飼いにくいということから、一般家庭に受け入れられやすいよう、温厚で穏やかなタイプも多く見られるようになりました。

体高	オス49〜55cm　メス46〜52cm
体重	オス17〜23kg　メス15〜18kg
毛色	胡麻、赤、黒
原産地	四国山地の東部、西部
天然記念物指定年	1937(昭和12)年

 小型犬　 中型犬　 大型犬

日本原産の犬

海外から持ちこまれた犬を日本で交配した、日本原産の犬4種を紹介します。

狆（ちん）

- 体高：オス・メスとも23～27cm
- 体重：オス・メスとも3～5kg（メスはオスよりやや小さい）
- 毛色：白地に黒または赤の斑

中国の王朝で飼われていたペキニーズのような犬をもとに日本で改良・固定された小型犬です。顔の真ん中に目、鼻、口が集まったユニークな顔立ちで、江戸時代、武士階級や富裕な商人の間で大流行しました。その当時、犬は放し飼いで、室内で飼育する習慣はありませんでしたが、狆は、犬とネコの中間に位置する動物と認識され、室内で飼われていたようです。性格はおとなしく、美しい長毛が魅力的な犬です。

江戸時代、江戸城の大奥に住む身分の高い女性たちにかわいがられた狆。
(『千代田の大奥』より「狆のくるひ」楊洲周延 画・国立国会図書館 所蔵)

土佐犬
とさけん

- 体高：オス 60cm 以上　メス 55cm 以上
- 体重：30～90kg
- 毛色：赤、黄褐色、虎、黒

日本原産の犬

土佐闘犬ともよばれ、闘犬が盛んになった明治時代、在来種の四国犬にマスティフなどの洋犬を交配して、日本固有の闘犬種として作り出した犬です。ジャパニーズ・マスティフともいわれます。毛は短毛で、噛まれても急所をはずれるよう皮膚が分厚くたるんでいます。耳も噛まれないよう垂れており、体は筋肉質で、俊敏に動けます。攻撃や防御のために、重心を低くとっており、足ががっしりとして力強いのが特徴です。

性格は勇敢で大胆です。闘犬として作られた犬種だけに、強い闘争心を持っていますが、寛容で人懐っこく穏やかな一面も持っています。

体重 30～90kg の大型犬で、非常に力の強い犬なので、安全管理やしつけをおこたると事故が起きるおそれがあり、十分な準備と覚悟を持って飼う必要があります。

日本各地に闘犬を行う土佐犬の愛好家の団体があり、根強い人気があります。

闘犬としての特色があらわれた土佐犬の顔。

闘犬について

闘犬を動物の虐待として批判する人もいますが、闘犬はボクシングのように管理されたスポーツだという反論もあります。土佐犬による闘犬では、声を出したり、闘争心を失った様子を見せた方が負けというルールになっています。そのため、どちらかが倒れるまで戦わせるということはしません。NPO 法人全土佐犬友好連合会では、競技の厳格なルールを決めるとともに、安全管理にも配慮しています。なお東京都、北海道、神奈川県、福井県、石川県では、闘犬は条例で禁止されていますが、北海道では土佐犬に限り許可制となっています。

日本スピッツ
にほんすぴっつ

●体高：オス 33〜38㎝
　　　　メス 30〜35㎝
●体重：オス 7〜9㎏
　　　　メス 7〜8㎏
●毛色：白

祖先は大正末期から昭和の初期にかけてカナダ、中国、ヨーロッパから入ってきた白いジャーマン・スピッツだったといわれています。1950（昭和25）年から1955年ごろにかけて、美しい白い毛と笑っているかのような愛らしい顔で、大人気となりました。しかし、行きすぎたブームのために落ちつきのないよく吠える犬も増え、また当時、犬は屋外で飼うというのが一般的であったため、よけいに「スピッツはよく吠えてうるさい犬」という印象が広まったようです。その後、海外からさまざまな洋犬が日本に入ってくるにしたがい、スピッツのブームは去っていきます。

一時期あまり見かけなくなったスピッツですが、近年は優雅でおとなしい犬に改良されて、ほがらかで繊細な性格は海外にも愛好者を広げ、国内でも人気が戻りつつあります。

子犬の時から真っ白。白と黒い鼻のコントラストが美しい。

ぐっすり寝ていても物音には敏感だ。

日本テリア
にほんてりあ

日本原産の犬

●体高：(オス、メスとも) 30～33cm
●体重：(オス、メスとも) 5kg前後
●毛色：頭部は黒、白、茶の3色に分かれ、体は白地に黒または茶の斑点

明治末期から大正にかけて作られたスムース・フォックステリアを基礎犬とする日本を代表するテリア。日本在来のポインターに似た小型犬との交配により繁殖させたといわれています。おとなしく穏やかな性格で、胴体が白くて頭が黒、手足が長く、引きしまった体つきをしています。短毛のため寒さには弱いですが、抜け毛は目立ちにくく、体臭もほとんどありません。スリムな体型なので一見ひよわな感じがしますが、実は丈夫で長生きタイプが多いようです。大阪で現在のような短毛の形に完成されたもので、大阪が日本テリアの主産地であるといわれています。神戸や大阪で多く飼われていたことから「神戸テリア」とよばれたり、アメリカの大財閥・モルガンの御曹子と結婚したお雪という日本人の女性が、この犬のファンだったことから、「お雪テリア」とよばれたこともあります。1932（昭和7）年に、現在の犬種名に統一され、昭和10年代を代表する愛玩犬となりました。日本テリアは、そのころから全国的に普及し、人気犬種として高額で取引されるようになりました。ところがその後、戦争の影響などにより、日本テリアの数は急激に減っていきます。ジャパンケネルクラブの年間登録頭数は、近年、平均60頭前後と非常に少ない状態となっています。その一方で、ブリーダーや愛好家によって、希少な犬種となった日本テリアを守ろうとする活動が続いています。

写真提供（日本テリアすべて）／萩野スーパーミニ犬舎　中嶋秀剛

海外で人気の日本犬

辛抱強く主人に忠実な性質や、古代の犬の姿を残したシンプルな姿形の美しさ…。そんな日本犬の魅力を愛する人たちが、近年、日本だけでなく海外でも増えています。

ワイオミング州(アメリカ)

ニューヨーク州(アメリカ)

海外で日本犬が愛される理由

近年、海外で日本犬ブームが起きているといわれています。柴犬や秋田犬など、世界各国の都市で日本犬を見かけるようになってきました。近年は、「ハチ公」の物語がハリウッド映画「HACHI 約束の犬」となり、世界各国で上映され、話題をよんだことも大きかったといわれます。それにしても、日本犬の何が、そんなに海外の人々を引き付けるのでしょうか。欧米の人たちの見なれたいわゆる洋犬は、犬にさまざまな仕事をさせる上で最適な形となるよう、人間の手で改良を加えられたものが多いのです。それに対して、あまり人間の手が加えられていない日本犬の姿形は、野性的で飾り気がなく、すっきりとしています。日本犬好きの欧米の人たちは、しばしば日本犬のことを「サムライのようだ」と言います。端正な外見や、飼い主の手からしか餌をもらわない頑固さ、だれにでもなつくわけではないが、一度好きになった人のことは決して忘れない一途さ、といった性格が、そう思わせるのではないでしょうか。

世界に誇る観光資源

現在、世界中のインターネット検索において、「akita（秋田）」というキーワードで検索するとどんな画像が出てくるでしょうか？ 秋田県の地図、それとも温泉や、秋田名物「きりたんぽ」などの写真でしょうか？ いいえ、上位に表示されるのは秋田犬の写真ばかりなのです。秋田犬が世界中で注目され、検索されていることが分かります。

そこで、秋田犬のふるさととして有名な秋田県大館市は、秋田県とともに、秋田犬を中心に据えた観光政策を展開することにしました。大館市では、国際線旅客機の、機内誌への記事掲載や、海外の旅行業者向けの商談会、さらに海外の有名ブロガーを招待することを通じて、外国人観光客に「忠犬ハチ公と秋田犬のふるさと」としてPRをはじめました。

2015（平成27）年の途中からこうした施策を始めた大館市ですが、2015年には586人だった外国人の宿泊者数が、2016年には1,387人に、2017年には1,777人と、2年間で3倍以上に増えたのです（「大館市外国人宿泊者数推移」より）。

日本犬は、日本が世界に誇る観光資源となっているのです。

外国人観光客と秋田犬・飛鳥。飛鳥は大館駅構内にある「秋田犬ふれあい処」の秋田犬です。
（写真提供／大館市）

秋田犬を愛した3人の外国人

ヘレン・ケラーさんは、1937（昭和12）年に初来日、秋田市で講演会を開催しました。欧米でも広く報道されていた忠犬ハチ公のエピソードに、大きな感銘を受けていた愛犬家のヘレンさんは、秋田に来たからには秋田犬を連れて帰りたいと訴えました。それを知った秋田警察署の小笠原巡査が、秋田犬の子犬「神風号」を贈ったのです。1937年4月に渡米した「神風号」は、残念ながら2か月ほどでジステンバーのため他界し、ヘレンさんを悲しませました。来日から2年後、そのことが秋田に伝わると、再び小笠原さんから「神風号」の兄犬「剣山号」が贈られました。剣山号は、ヘレンさんのかけがえのない相棒となったのです。

また、2012（平成24）年7月、秋田県の佐竹知事は、東日本大震災後の支援に対する東北地方からのお礼として、愛犬家として知られるロシアのプーチン大統領に、メスの秋田犬の子犬を贈呈しました。大統領は、子犬に「ゆめ」と名付けてかわいがっているということです。

さらに、2018年2月、平昌オリンピックの閉会後、女子フィギュアスケートの金メダリスト、ロシアのザギトワ選手が秋田犬を飼いたがっているというニュースが報道されました。ザギトワ選手は大会前に新潟で練習をしており、そこで雑誌に掲載された秋田犬の写真を見て、すっかり気に入ったのです。ザギトワ選手には、公益社団法人秋田犬保存会から秋田犬の子犬が贈られることとなりました。

剣山号を抱くヘレン・ケラー。（写真提供／Everett Collection/アフロ）

ほんとうのハチ公の物語

生涯ひとりの主人を待ち続けた犬の物語として、ハチ公の物語はあまりにも有名です。
ハチ公とはどんな犬だったのでしょうか。

ハチ公は、1923（大正12）年11月、秋田県大館市内の斎藤義一さんの家で生まれました。父は大子内山号、母は胡麻号といい、ともに血統書付きの秋田犬でした。ハチ公は名犬といわれた一文字号の孫にあたるといいます。生後2か月あまりで、東京・渋谷に住む東京大学農学部教授、上野英三郎博士のもとに送られました。ハチ公は、上野博士に大切に育てられ、やがてりっぱな秋田犬に成長しました。上野博士はハチ公をかわいがり、大学や渋谷駅に出かける時には、送り迎えをさせていました。ところが博士は、1925年5月21日に大学で講義中に脳溢血で倒れ、そのまま帰らぬ人となってしまいました。博士の死後、上野博士の未亡人は、事情があって渋谷の家を引き払わなければなりませんでした。ハチ公も未亡人の親戚の家などを転々としたのち、渋谷駅の近くの植木屋さんの家に引き取られました。
ハチ公はそのころから、朝と夕方に渋谷駅に通うようになりました。
長い間、駅の構内で過ごしていたため、ハチ公の身体は汚れていました。事情を知っていて、ハチ公をかわいそうに思う人もいましたが、多くの人は事情を知らず、ハチ公を野良犬と思って無視したり、薄よごれた大きな犬をうさんくさく感じて虐待したりする人もいました。

ハチ公のことをよく知っていた斎藤弘吉さん(P.47参照)が新聞にハチ公が渋谷駅にいる事情などを投稿したところ大きな記事となり、ハチ公は急に有名になりました。ハチ公のもとには食べ物を持ち寄る人の列ができ、渋谷駅の周辺では、ハチ公せんべい、ハチ公チョコレートなどの人気便乗商品が売られました。また1934（昭和9）年、ハチ公がまだ生きているうちに銅像が建てられました。ハチ公の物語は「飼い主の恩を忘れず、渋谷駅に通った」という美談として有名となり、戦前の教科書にも掲載されました。
しかし、ハチ公は人間のように恩を受けたから恩を返す、といったことを考えていたとは思えません。
ハチ公は、ただ大好きな上野博士にもう一度会って、甘えたかっただけだったのではないでしょうか。
ハチ公は1935年3月8日、駅近くの路地で世を去りました。数日後、ハチ公は待ち続けた上野博士の墓の隣にほうむられました。
ハチ公の生涯は、ひとりの主人を生涯慕い続けるという、いかにも日本犬らしいものでした。

晩年のハチ公（写真提供／白根記念渋谷区郷土博物館・文学館）

ハチ公没後80年にあたる2015（平成27）年3月8日、上野博士の勤務先であった東京大学農学部に、ハチ公と上野博士の銅像ができました。待ちに待った博士に会えたハチ公は、全身で喜びを表現しています。

（写真提供／東京大学農学部）

日本犬を絶滅から守れ！

明治時代に入ると海外からさまざまな犬種が入ってくるようになりました。このままでは、日本古来の犬が絶滅してしまうという危機が訪れていました。絶滅といっても、野生動物のように特定の種が死に絶えてしまうということではなく、雑種化が進み、その犬種本来の特徴を残した個体がいなくなってしまうという形での絶滅なのです。日本犬の歴史はそのような絶滅との戦いでした。

日本犬保存の先駆け

日本犬保存の先がけとなったのが、日本犬保存会を創立した斎藤弘吉さんです。現在の山形県鶴岡市に生まれた斎藤さんは、東京美術学校を卒業した後、日本犬のすばらしさに目覚め、その保存活動をすることを決意します。1928（昭和3）年、日本犬保存会を立ち上げた斎藤さんは、各地に残されている日本犬の調査を始め、また優れた犬の血統を記録する「犬籍簿」の作成に取り組みました。

絶滅の危機にあった柴犬

今でこそ日本犬の中で最も一般的な犬である柴犬ですが、絶滅の危機にあった時代もありました。柴犬の保存に努め、後に天然記念物柴犬保存会を創立した中城龍雄さんは、第二次世界大戦中、3匹の柴犬を飼っていました。ある時それを憲兵（軍隊の警察）に知られてしまい、厳しくとがめられました。中城さんが「民族伝来の日本犬を少しでも残しておかないと、戦争が終わった後には1頭もいなくなってしまう。一度絶滅したら復活させることはできないのです」と必死に説明したところ、憲兵もその必死さに打たれて了解したといいます。当時としては命がけといってもよい勇気のある行動でした。こうして守り抜いた柴犬が、今日の柴犬の元になっているのです。

戦後生き残ったわずかな柴犬たちから生まれた中号（1948年生まれ）は、多くのすぐれた子孫を残しました。
（写真提供／天然記念物柴犬保存会）

絶滅した天然記念物・越の犬

国の天然記念物に指定された日本犬は、6犬種以外にもう1犬種ありました。それが「越の犬」です。石川、富山、福井の北陸三県に生息した犬で、昔はこの地域を含む一帯を「越の国」とよんだことから、このように名付けられました。山で猟犬として使われてきた犬で、立ち耳で、尾は巻き尾、顔は短くとがっていました。毛色は赤犬が多かったようです。体高は50cm程度の中型犬でした。
1934（昭和9）年に国の天然記念物に指定されましたが、もともと数が少なかったことに加え、第二次世界大戦中に多くの犬が殺されてしまったために数がさらに減って、戦後は姿を消してしまいました。

天然記念物の日本犬「越の犬」　（写真提供／福井県教育庁）

岩合光昭 (いわごう みつあき)

1950年東京生まれ。地球上のあらゆる地域をフィールドに活躍する動物写真家。その美しく、想像力をかきたてる作品は世界的に高く評価されている。一方で、身近なネコを半世紀以上ライフワークとして撮り続けている。2012年からNHK BSP4K、NHK BS「岩合光昭の世界ネコ歩き」の番組撮影を開始。著書に『ネコの名は…… スペシャルゲスト』（朝日新聞出版）、『あのネコに会いたい』『ネコ日本晴れ』（辰巳出版）、『ねこの一日』（神宮館）、『いぬ』『ねこといぬ』『ねこがお』『ボンド 桃農家のねこ』（クレヴィス）、『はじめてのミニずかん3 いぬ』（ポプラ社）などがある。

写真協力

国立科学博物館（p12）
船橋市飛ノ台史跡公園博物館（p12）
大館市（p13・p45）
水天宮（p13）
テレビ大阪（p19）
f8grapher©123RF.com（p27）
萩野スーパーミニ犬舎 中嶋秀剛（p43）
Everett Collection/アフロ（p45）
白根記念渋谷区郷土博物館・文学館（p46）
東京大学農学部（p46）
天然記念物柴犬保存会（p47）
福井県教育庁（p47）

取材協力・資料提供 (五十音順)

一般社団法人 天然記念物北海道犬保存会
大館市
公益社団法人 秋田犬保存会
公益社団法人 日本犬保存会
四国犬愛好会
天然記念物柴犬保存会
天然記念物指定甲斐犬愛護会・藤神犬舎代表 梅島正志

執筆協力 吉田悦花
装丁・デザイン DOMDOM

岩合光昭の
日本犬図鑑

2018年6月　初版第1刷発行
2024年4月　　第4刷発行

文・写真	——— 岩合光昭
発　行　者	——— 水谷泰三
発　行　所	——— 株式会社**文溪堂**

〒 112-8635 東京都文京区大塚 3-16-12
TEL 編集：03-5976-1511
　　　　営業：03-5976-1515
ホームページ：https://www.bunkei.co.jp

印　　刷 ——— 大日本印刷株式会社
製　　本 ——— 株式会社若林製本工場
ISBN978-4-7999-0210-3/NDC489/47P/303mm×215mm

© Mitsuaki Iwago
2018 Published by BUNKEIDO Co., Ltd. Tokyo, Japan.
PRINTED IN JAPAN

落丁本・乱丁本は、送料小社負担でおとりかえいたします。
定価はカバーに表示してあります。